OBSERVATIONS

SUR

LES FERS ET FONTES

A RECEVOIR DE L'ÉTRANGER.

OBSERVATIONS

SUR

LA NÉCESSITÉ DE COMPRENDRE LES FONTES DANS LES MESURES A PRENDRE CONTRE LES FERS ÉTRANGERS, ET SUR LES MOYENS EMPLOYÉS POUR ÉLUDER LES DROITS ÉTABLIS SUR CES FERS.

« La France possède avec abondance le minerai propre à la
» fabrication du fer.

» Les hauts fourneaux en activité sont au nombre de quatre
» cents. Leur produit annuel peut être évalué à *cent soixante-*
» *dix millions de kilogrammes* de fonte, dont un cinquième
» environ est vendu comme fonte moulée. Mille affineries con-
» vertissent le surplus en fer et acier.

» Cent forges à la catalane produisent annuellement *douze*
» *millions cinq cent mille kilogrammes* de fer et *cent mille kilo-*
» *grammes d'acier.* Ces forges offrent l'inappréciable avantage
» d'obtenir le fer et l'acier en première fusion.

» Ces divers produits réunis représentent une valeur annuelle
» de *soixante-quinze millions cinq cent soixante mille francs.*

» Ce tableau d'une partie de nos richesses industrielles nous a
» paru devoir être mis sous les yeux de la chambre, et mériter
» toute son attention.

» . . . .

» Nos forges sont donc, messieurs, au nombre de ces richesses
» précieuses que nous devons à l'heureuse localité de notre belle
» patrie. Elles méritent toute la protection, toutes les faveurs
» du Gouvernement. »

(*Extrait du rapport de la Commission chargée de l'examen*
du projet de loi sur l'importation des fers étrangers, dans
la séance du 26 septembre 1814.)

PARIS,
IMPRIMERIE DE FAIN, PLACE DE L'ODÉON.

JANVIER 1822.

OBSERVATIONS

SUR

LA NÉCESSITÉ DE COMPRENDRE LES FONTES DANS LES MESURES A PRENDRE CONTRE LES FERS ÉTRANGERS, ET SUR LES MOYENS EMPLOYÉS POUR ÉLUDER LES DROITS ÉTABLIS SUR CES FERS.

La loi du 21 décembre 1814 (1), en réglant les droits à percevoir sur les fers étrangers, les avoit combinés de manière à réserver aux forges de France la fabrication des échantillons qui exigent le plus de main d'œuvre. *Esprit de la loi de 1814.*

On devait s'attendre à voir bientôt l'ingénieuse avidité des Anglais éluder les moyens de protection établis par la loi en faveur de notre industrie.

En effet, on n'a pas tardé à former des établissemens sur nos côtes, pour convertir en petits échantillons repoussés par nos droits, les fers de plus fortes dimensions dont l'entrée est permise au droit de 15 fr. par 100 kilogrammes. *Établissemens pour la manipulation secondaire des gros fers.*

Déjà, un établissement de ce genre existait auprès de Rouen, et, depuis quelques années, on y a converti en fers fins de quatre manipulations, plusieurs millions de fers anglais.

Un autre a été formé récemment par des Anglais, auprès de Bordeaux.

Un troisième s'élève à la Basse-Indre, à deux lieues au dessous de Nantes. Ce dernier paraît conçu sur un vaste plan, à en juger par la machine à vapeur, de la force de cinquante-cinq chevaux, qui doit en être le moteur. La compagnie anglaise, qui le construit, y réunira au travail du fer celui des tôles, fers-blancs, cuivres, etc.

Plusieurs autres sont en projet sur d'autres points, de manière à cerner notre industrie de toutes parts.

Cette concurrence, déjà si alarmante pour les forges de France, n'est cependant que le prélude d'un danger plus grand; et la manipulation des gros fers, objet apparent de ces établissemens, n'est qu'un début modeste sous lequel on a voulu cacher des projets plus vastes et bien plus dangereux pour notre industrie.

Heureusement, une circonstance favorable à nos forges, en avançant l'exécution de ces projets, a fourni l'occasion d'en connaître à temps toute l'étendue et le danger.

Fabrication des fers, sur nos côtes, avec des fontes anglaises. L'accueil fait par les Chambres aux pétitions présentées, dans la dernière session, contre les fers anglais, ayant fait pressentir une augmentation de droits sur ces fers, les entrepreneurs des nouvelles forges jugèrent que le moment était venu d'exécuter la seconde partie de leur plan, en substituant à la manipulation des fers fabriqués dont cette augmentation pourrait contrarier l'entrée, *la fabrication même du fer*, avec des fontes à tirer d'Angleterre.

Les dispositions se font pour l'organisation de ce nouveau travail. L'établissement de la Basse-Indre y est spécialement destiné.

Développement de la spéculation. Cette idée, fort belle comme spéculation, repose sur un calcul bien simple.

D'après le tarif actuel, 1000 kilogrammes de fer paient un droit d'entrée de 150 fr., et 1000 kilogrammes de fonte ne paient que 20 fr.

Avec des fontes ordinaires. En admettant que, pour faire 1000 kilogrammes de fer, les Anglais consomment, comme en France, 1500 kilogrammes de fonte, ces 1500 kilogrammes ne paieront, à raison de 20 fr. par 1000 kilogrammes, que 30 fr.; et, en convertissant ces

1500 kilogrammes en fer, dans les nouveaux établissemens, les 1000 kilogrammes de fer qui en proviendront, n'auront réellement payé, en droits d'entrée, que 30 fr. au lieu de 150 fr.

Cette différence, déjà bien grande, augmentera encore, si, comme on vient de le découvrir, ce ne sont pas des fontes de première fusion qu'on fait venir d'Angleterre, mais des fontes déjà purifiées, désignées sous le nom de *fine-metal*, provenant d'un premier affinage que les Anglais font subir à leurs fontes, dans le genre de notre mazage. Ce *fine-metal* diffère de la fonte ordinaire, en ce qu'ayant été dégagé de beaucoup de substances étrangères, il est plus rapproché de l'état de fer. Du reste, il en conserve assez la nature et les caractères extérieurs, pour qu'on ne puisse pas lui appliquer un autre droit que celui de 20 fr. par 1000 kilogrammes, fixé pour la fonte. Comme elle, il peut arriver en lingots du poids de 400 kilogrammes et au-dessus.

Avec des fontes déjà affinées, dites fi-ne-metal.

Mais, au lieu de 1500 kilogrammes de fonte ordinaire, il ne faudra, pour obtenir 1000 kilogrammes de fer, que 1200 kilogrammes au plus de ce *fine-metal*, lesquels, à raison de 20 fr. par 1000 kilogrammes, ne paieront que 24 fr. de droit d'entrée au lieu de 30 fr.

Il en résultera, en définitive, du fer *entré en France* au droit de 24 fr. par 1000 kilogrammes, au lieu de 150 fr.

Pour assurer cette spéculation, il fallait faire maintenir le droit d'entrée sur la fonte au taux insignifiant de 20 francs par 1000 kilogrammes.

Moyen d'exé-cution.

On s'est servi, pour y parvenir, d'un préjugé qui s'est établi depuis quelques années en France, d'après lequel les fontes anglaises seraient, dit-on, indispensables au travail de nos petites fonderies; et, profitant de l'intérêt qu'inspire naturellement cette branche d'industrie, on a su aveugler l'Administra-

Petites fon-deries.

tion et quelques maîtres de forges eux - mêmes, au point de faire regarder presque comme inutile une augmentation de droit sur ces fontes.

Mais le but, aujourd'hui bien connu, des établissemens anglais, a révélé tout le mal qu'entraînerait cette dangereuse concession, et un calcul aussi simple que celui qui a donné l'idée de la spéculation, va démontrer combien il est urgent de l'arrêter.

En Angleterre, avec les mêmes fontes, les mêmes machines, les mêmes ouvriers, les mêmes procédés et les mêmes charbons qu'ils apporteront dans leurs établissemens de France, les maîtres de forges, non-seulement fabriquent, mais *vendent* leurs fers à raison de 7 liv. st. le tonneau de 1015 kilog., ce qui à 25 fr., prix moyen de la livre st., les remet à   172 f. 41 c. les 1000 kilogrammes (1 *bis*).

Pour fabriquer ces fers, sur les côtes de France, avec 1200 kilogrammes de *fine-metal*, il leur en coûtera, *de plus qu'en Angleterre* :

1°. Le transport de ces 1200 kilogrammes, à 26 fr. les 1000 kilog., pour Nantes.   31 f. 20 c.

2°. Le droit d'entrée desdits, à 20 fr. les 1000 kilogrammes 24 f. »   26   40
— Le décime pour franc,   2   40

3°. Le fret et le droit d'entrée *seulement* (*) du charbon nécessaire à la conversion de ces 1200 kilogrammes en 1000 kilogrammes de fer, au plus 80   »

137   60.

D'où il résultera du fer, *tout entré*, à. . . . . .   310 f. 01 c.

(*) Nous disons le fret et le droit d'entrée *seulement*, parce que la valeur du charbon est comprise, ainsi que *tous les frais de fabrication*, dans le prix de 172 fr. 41 c. auquel le fer, *tout fabriqué*, se *vend* en Angleterre.

les 1000 kilogrammes, et cela sur nos côtes, c'est-à-dire, dans les lieux mêmes où s'en fait la plus grande consommation.

A quoi il est bon d'ajouter que les Anglais, par un avantage qui est propre à leurs procédés, *vendent* au même prix que leurs gros fers, beaucoup d'échantillons qui, chez nous, ne s'obtiennent que par une troisième manipulation ; en sorte qu'à ce prix de 310 fr., ce ne seraient pas seulement des fers du droit de 165 fr. (*) qui viendraient repousser nos produits, mais encore des échantillons du droit de 275 fr., tels que des carillons et fers ronds de 7 lignes et au-dessus, des bandelettes de 14 à 20 lignes sur 3, et des platinés de 14 à 20 lignes sur 4, tous fers dont la fabrication est l'objet spécial de nos martinets et de nos platineries.

Or, nous le demandons, ne serait-il pas pour le moins inconvenant que les Anglais vinssent nous vendre à 310 fr., par l'intermédiaire de leurs établissemens, des fers dont la loi a voulu frapper *l'entrée seulement* d'un droit de 275 fr. ?

Mais l'inconvenance serait plus grande encore sur les fers de quatre manipulations, les fers de fenderie, par exemple, que, par l'effet des mêmes procédés, les Anglais *vendent* à 10 fr. seulement par 1000 kilogrammes au-dessus du prix des gros fers ; ce qui porterait à 320 fr. le prix auquel ces fers seraient vendus dans leurs forges de France, tandis que l'intention de la loi a été que les fers de cette sorte ne pussent pas *entrer* en France à moins de payer un droit de 440 fr.!!!

La loi serait donc non-seulement éludée, mais bravée de la manière la plus complète.

(*) Nous employons chaque droit d'entrée avec son décime pour franc, parce que ce décime est également compris dans le prix de 310 fr. avec lequel nous établissons nos comparaisons.

La même chose aurait lieu sur nos frontières de terre, et principalement dans la partie limitrophe des pays de Sarrebruck , de Liége et de Luxembourg. Ces pays, faute de débouchés pour leurs fers, regorgent de fontes et de moyens d'en fabriquer. La facilité de se procurer ces fontes à vil prix (*), et la proximité de la houille, confirment les grands projets annoncés de ce côté et déjà commencés sur un point, pour y faire ce que les Anglais préparent sur nos côtes. On n'attend, pour en compléter l'exécution, que la confirmation du droit actuel sur les fontes.

L'avantage de ces localités n'a pas échappé aux Anglais euxmêmes qui ont été les visiter , et ceux qu'on expulserait de nos côtes ne tarderaient pas à y transporter leurs machines.

Or, si nos forges ne peuvent soutenir la concurence des fers anglais de seconde manipulation, arrivant aujourd'hui dans nos ports (2) au prix de 370 fr. les 1000 kilogrammes, droits actuels acquittés, que serait-ce si elles avaient à lutter non-seument contre les mêmes fers , mais encore contre des fers de trois et quatre manipulations, aux prix de 310 fr. et de 320 fr. ? Et combien cette concurrence serait plus dangereuse, lorsqu'elle proviendrait d'établissemens permanens , travaillant sans relâche, sur notre propre territoire, pour le compte étranger , et qui, une fois construits, entraîneraient l'obligation de les alimenter !

Ceux qui savent combien l'industrie anglaise est active et ingénieuse à écraser, par des sacrifices faits à propos , les industries rivales qu'elle a intérêt à détruire, peuvent juger quel serait le résultat de cette lutte, dans laquelle l'intérêt particulier

---

(*) Les fontes ne valent, dans ces pays, que 35 à 45 fr. les 500 kilogrammes , et elles sont sans emploi.

servirait si bien l'intérêt politique, en détruisant, dans nos forges, un des principaux élémens de notre marine et de notre puissance militaire.

Et qu'on ne dise pas que c'est nous alarmer trop tôt d'un danger qui n'est encore qu'en conjectures (3). Les établissemens qui doivent commencer cette funeste catastrophe, sont déjà, ou construits, ou en construction(*). D'autres suivront de près. La spéculation est trop belle pour qu'elle n'ait pas de nombreux imitateurs; et le moment n'est pas éloigné où nos côtes, bordées d'une longue suite de forges anglaises, pourront reprendre, dans un sens bien différent pour l'honneur national, cette dénomination de *côtes de fer,* qu'elles reçurent naguère (**) de ces mêmes rivaux qui viennent, aujourd'hui, y braver notre industrie. *[Réalité du danger.]*

Dans ces établissemens, véritables succursales des forges anglaises, les entrepreneurs, les ouvriers, les matières à manipuler, et jusqu'au charbon-de-terre, tout sera anglais. La seule participation qu'on y laissera à la France sera les faibles droits à percevoir par le fisc sur l'entrée des matières premières destinées à les alimenter, au grand préjudice de celles analogues que produit notre sol, et qui sont une de ses principales richesses.

L'industrie française ne pouvait recevoir un affront plus complet; et, sous le rapport de l'intérêt général, peut-on voir, sans de justes craintes, ces espèces de comptoirs, fondés par les Anglais, sur nos côtes, pour venir prélever eux-mêmes, d'une manière plus directe, les tributs que nous ne payons déjà *[Sous le rapport de l'intérêt général.]*

(*) Nous recevons à l'instant des lettres d'Angleterre qui nous apprennent que l'établissement de la Basse-Indre, auprès de Nantes, est formé par un M. Thomas, maître de forge anglais, qui y transporte, *en entier*, une forge qu'il possède auprès de Newport. D'autres maîtres de forges de ce pays se disposent à en faire autant.

(**) Lorsque tout était disposé sur nos côtes pour la descente en Angleterre.

que trop à leur ambitieuse industrie, attirer à eux le numéraire qui devrait alimenter nos propres fabriques, et détruire plus sûrement, en les attaquant de plus près, ces précieux établissemens de forges dont nos arts, notre agriculture et la défense de l'état, réclament si impérieusement la conservation ?

Dans cet état de choses, on voit que, s'il est urgent d'augmenter les droits d'entrée sur les fers, il l'est au moins autant de repousser impitoyablement les fontes étrangères qui fourniraient un moyen si facile d'éluder tous les droits établis ou à établir sur les fers.

La nécessité d'augmenter les droits d'entrée sur les fontes étant bien démontrée, il ne reste plus qu'à examiner de combien doit être cette augmentation.

Tout ce qu'on a dit de l'indispensable nécessité des fontes anglaises pour le travail de nos petites fonderies est, pour le moins, exagéré, surtout en ce qui est de la quantité nécessaire à cette consommation.

De l'aveu de tous les fondeurs, ce n'est que pour les ouvrages de très-petites dimensions que ces fontes sont réellement préférables aux fontes de France, en ce qu'elles sont plus douces et qu'elles se prêtent mieux aux variations du moule ; mais, pour les gros ouvrages, et pour tous les objets d'une consommation courante, les fontes de France valent infiniment mieux, en ce que, sous un même volume, elles renferment plus de parties ferrugineuses, ce qui leur donne plus de corps et de ténacité.

Les fonderies qui consomment le plus de fontes anglaises, sont celles de Paris, de Rouen, et de quelques villes voisines. En évaluant à un million pesant (soient 5oo,ooo kilogrammes) la consommation soi-disant *obligée* en fontes de cette qualité, c'est porter cette consommation au plus haut. Faut-il, pour un objet aussi minime, ouvrir la porte à toutes les fontes de l'Angleterre ; et, lorsque la concurrence de ces fontes peut amener l'anéantissement de nos forges ; peut-on mettre en balance des intérêts aussi disproportionnés ?

Ce n'est que depuis 1816 que les fontes anglaises sont connues en France. Avant cette époque, nos petites fonderies savaient s'en procurer d'autres pour leurs travaux. Les mêmes moyens d'approvisionnement existent encore, et bientôt elles en auront de plus considérables dans les grands établissemens qui se forment à Saint-Étienne, et qui ont précisément pour objet de produire, avec des matières analogues à celles des Anglais, l'espèce de fonte dont il s'agit. Dans six mois, au plus tard, le plus important de ces établissemens sera en activité ; et, d'ici à cette époque, les petites fonderies ne manqueront pas de fontes anglaises, la crainte d'une augmentation dans les droits en faisant arriver journellement bien au delà des besoins de la consommation (4).

Dans tous les cas, si des besoins extraordinaires, qui ne sont pas présumables, rendaient indispensable l'entrée d'une certaine quantité de ces fontes, n'aurait-on pas la ressource d'y pourvoir par des exceptions spéciales, en prenant les précautions convenables pour en prévenir l'abus (5)?

Les intérêts de nos petites fonderies ainsi assurés, nous n'hésitons plus à dire que le droit d'entrée à mettre sur les fontes étrangères doit être prohibitif au même degré que celui sur les fers ; c'est-à-dire, qu'il doit être la représentation de ce dernier, comme 1,500 kilogrammes de fonte sont la représentation de 1,000 kilogrammes de fer ; d'où il suit que le droit actuel sur les fers étant de 15 fr. par 100 kilogrammes, celui sur les fontes devrait être de 10 fr. ; et proportionnellement, en cas de changement dans les droits.

Quant aux fontes de seconde fusion, dites *fine-metal*, qui ne

Prohibition du fine-metal. sont propres qu'à être converties en fer, comme aucune branche d'industrie n'en réclame l'emploi, et que, par leur rapprochement de l'état de fer, elles rentrent entièrement dans le cas des massiaux si justement prohibés par la loi de 1814, nous pensons qu'on doit leur appliquer la même prohibition. Dans le cas contraire, elles doivent être taxées dans la proportion de la quantité de fer qu'elles renferment, de manière à ce que 1,200 kilogrammes de cette fonte paient ce qu'auraient à payer les 1,000 kilogrammes de fer auxquels ils servent d'introducteurs.

Principe du droit à mettre sur les fontes. En principe, les droits sur la fonte doivent être, à l'égard des droits sur les fers, dans un rapport tel que, soit que les fers arrivent fabriqués, soit qu'ils arrivent sous la forme de fonte, 1,000 kilogrammes de fer se trouvent également frappés du droit que la loi aura voulu leur imposer.

Il n'y a plus à s'aveugler sur le danger des fontes étrangères, et ce n'est pas par des demi-mesures qu'il faut les repousser. Il y va pour nos forges de leur existence, et pour l'État de toutes les conséquences qu'entraînerait la ruine de cette industrie.

Importance pour la France de conserver la fabrication des fontes. La fabrication des fontes est, sous tous les rapports, la partie la plus importante des forges. C'est elle qui augmente nos richesses indigènes, en donnant de la valeur à des produits du sol qui n'en auraient pas. C'est par elle que les bois sont un des grands revenus de l'État et des particuliers. C'est sur elle, enfin, que repose l'existence de cette nombreuse population qui, dans beaucoup de nos départemens, ne vit que de l'extraction des mines et de l'exploitation des bois (6).

Enlever à la France la fabrication de ses fontes, pour recevoir celles de l'Étranger, ce serait à la fois tarir une source de richesses et en ouvrir une de regrets et de calamités; ce serait saper doublement l'industrie des forges en leur enlevant, d'un côté, ce qui en est à la fois le produit et l'aliment, et de l'autre,

en favorisant l'attaque la plus dangereuse que l'industrie étrangère puisse diriger contre elles; ce serait, enfin, priver la
France des qualités de fer les plus indispensables à ses besoins.

Car, qu'on ne se trompe pas sur l'espèce de fer que procu- Vices des fers anglais.
rerait cette fabrication parasite que les Anglais veulent intro-
duire sur nos côtes. L'Angleterre, à l'aide de ses machines et
de sa houille, fabrique, à très-bas prix, des fers très-beaux,
mais dont la qualité se ressent des principes vicieux inhérens à
ses fontes (7). Le bon marché de ces fers en rend la vente facile, au grand préjudice des arts qui les emploient.

Moins avancée dans l'exploitation de ses houillères, mais Avantages de la France sur l'Angleterre pour la qualité du fer
riche en excellentes mines de fer et en bois, la France peut,
par un heureux alliage des deux combustibles, réunir à la per-
fection extérieure de la fabrication anglaise, une excellence et
une variété de qualité propres à satisfaire à tous les besoins.
Mais, ces avantages précieux, c'est à la nature de ses fontes
qu'elle les doit. Avec les meilleures fontes anglaises, on ne fera,
en France comme en Angleterre, que des fers anglais, c'est-à-
dire, des fers imprégnés des vices de ces fontes. Sacrifier nos
fontes indigènes à cette concurrence, ce serait nous remettre,
pour les fers de qualité, dans la dépendance absolue de la
Suède et de la Russie, dont nous sommes depuis long-
temps affranchis.

Sous tous les rapports, la France doit donc conserver précieu-
sement la fabrication de ses fontes, et, comme elles sont la
base de l'industrie des forges, c'est surtout à elles qu'il faut
appliquer les mesures protectrices que réclame cette industrie.

On ne considère pas assez quelles seraient, pour la France, les Conséquences de la désorga- nisation des forges.
conséquences de la désorganisation de ses forges. Ces établisse-
mens ne sont pas de ceux qu'on puisse fermer et rouvrir à volonté. Il faut beaucoup de temps, de travail et de dépenses

pour en rassembler les élémens qui, une fois dispersés, se retrouvent difficilement.

« Suspendre de pareils établissemens, a dit M. le Ministre
» des finances, dans l'exposé des motifs de la loi de 1814, c'est
» les perdre sans espoir de les rétablir. Bientôt les ouvriers, formés par plusieurs années d'un travail pénible, se dispersent,
» et vont au loin languir de misère et menacer la sûreté publique. Les machines se détériorent, les usines dépérissent.
» L'Étranger, devenu maître des prix, les élève à son gré, affranchi désormais d'une concurrence dont tous les moyens sont à
» recréer ; et il n'est peut-être pas d'exemple qu'une industrie
» décriée par la ruine de ceux qui s'y étaient adonnés, soit redevenue florissante aux mêmes lieux. »

Ne nous exposons pas à un si grand danger, et craignons, surtout, les moyens captieux par lesquels on voudrait nous y attirer.

Après nous avoir tentés par le bon marché de leurs fers, les Anglais nous en ont, tout à coup, inondés, au point de mettre les forges de France à deux doigts de leur perte. Déjoués de ce côté, ils dirigent contre nous une attaque d'autant plus dangereuse qu'on saura la masquer sous des dehors spécieux ; car les prétextes ne manqueront pas pour colorer la création de leurs nouveaux établissemens (8). Repoussons leurs funestes présens, et ne perdons pas de vue que le résultat définitif de cette importation serait la destruction des forges de France au profit de l'Étranger qui nous ferait payer un jour, bien cher, les avantages trompeurs par lesquels il nous aurait séduits.

Par tous ces motifs, nous osons solliciter de la protection éclairée du Gouvernement et des Chambres,

1°. La prohibition des fontes de seconde fusion, connues en Angleterre sous le nom de *fine-metal*. Ces fontes sont faciles à distinguer en ce que leur cassure est d'un blanc brillant et d'une apparence compacte, tandis que les fontes anglaises de première fusion, sont d'un gris tirant sur le noir et très-poreuses (8 *bis*).

2°. La mise en harmonie du droit sur les fontes avec celui qu'on établira sur les fers, de manière à ce qu'on ne puisse pas éluder l'un par l'insuffisance de l'autre; ce qu'on n'obtiendra, ainsi que nous l'avons établi plus haut, qu'en imposant la fonte proportionnellement à la quantité de fer qu'elle renferme.

Après avoir traité la question des fontes, ce ne sera pas nous écarter de l'objet de ce mémoire, que de nous réunir aux demandes, déjà faites, pour solliciter *une augmentation de* 15 *fr. par* 100 *kilogrammes sur les droits actuels des fers laminés de deux et trois manipulations, et une de 5 francs sur tous les autres fers en général, y compris ceux de quatre manipulations.* Augmentation des droits sur les fers.

Les motifs ne manqueront pas pour justifier cette demande. Nous nous bornerons, pour le moment, à envisager la chose sous le rapport des dangereux établissemens que nous avons signalés; établissemens qui, quand on les réduirait à leur objet primitif, c'est-à-dire, à la conversion des fers du droit de 15 fr. en échantillons de droits plus élevés, n'en seraient pas moins le fléau de notre industrie, en rendant illusoires les droits établis par la loi de 1814 pour conserver à nos forges la fabrication des fers dans lesquels il entre le plus de main d'œuvre. Nécessité de cette augmentation par rapport aux établissemens des côtes.

Pour rendre nos observations plus sensibles, nous les appliquerons à l'espèce de fer, de manipulation secondaire, qui se consomme en plus grande quantité, c'est-à-dire au fer de fenderie qui fournit la verge nécessaire à la fabrication des clous, et les cercles pour les ferremens des cuves, barriques, etc.

La loi de 1814, en imposant aux fers de cette espèce un droit de 440 fr., a voulu évidemment en réserver la fabrication à nos forges. En effet, cette fabrication est pour elles d'une telle importance que, dans beaucoup de forges, la conversion des fers en échantillons de fenderie, est le seul moyen d'écoulement des fers qu'on y fabrique, tant parce que les localités n'offriraient pas l'emploi du fer sous une autre forme, qu'à cause de la difficulté des chemins qui ne permettent de transporter les fers qu'à dos de mulet, moyen de transport qui ne peut s'appliquer qu'à des fers bottelés et de peu de longueur, comme le fer en verge, ou susceptibles d'être repliés, comme le fer à cuves.

Or, que fait-on pour éluder l'obstacle de 440 fr. que la loi a voulu opposer à l'entrée de ces fers?

On établit, à peu de frais, sur les côtes, des fenderies qu'on alimente avec des fers anglais entrés au droit de 165 fr.

Ces fers, chauffés avec du charbon-de-terre *anglais*, sont convertis en verge, au moyen d'une dépense de. . . . . 25 f. au plus.

____

Et, moyennant. . . 190 f. de droits
et frais, on a éludé un droit de 440 fr. (*).

Quand, comme quelques personnes l'ont demandé, on augmenterait le droit de 100 fr. }
Avec le décime de. . . . . 10 } 110 p. 1000 k.

____

Cela n'opposerait encore à ces fers qu'un obstacle de. 300 fr., au lieu
de celui de 440 fr. par lequel la loi a voulu les repousser.

Et, qu'on ne pense pas que ces 300 fr. puissent suffire pour empêcher ces fers d'être livrés avec avantage à la consomma-

____

(*) C'est ce qui se pratique journellement à la fenderie de Caumont , située sur la Seine , auprès de Rouen , où , depuis cinq ans , on a converti en fers de fenderie plusieurs millions de fers anglais.

tion. Les fers anglais, à raison de 7 livres sterling le tonneau, ne reviennent, droits non compris, qu'à   205 fr. les 1000 kilogrammes. (*Voir la note 2.*)

En ajoutant à ce prix les. . . . .   300 fr. ci-contre.
Tout cela réuni ne portera les fers *entrés* et convertis en échantillons de fenderie, qu'à. . . . .   505 fr. les 1000 kilogrammes rendus sur nos côtes, c'est-à-dire, nous le répétons encore, aux lieux même de la plus grande consommation.

Et il est constant que nos forges ne peuvent pas vendre leurs fers de fenderie, *rendus aux mêmes lieux,* à moins de 500 à 640 fr. les 1000 kilogrammes, suivant la qualité et les localités.

En augmentant le droit de 15 fr., comme nous le demandons, cela n'atteindrait pas encore le but prohibitif de la loi, puisque cette augmentation ne porterait qu'à 355 fr. (*) le droit évasif par lequel on pourra échapper à celui de 440 fr.

Cela n'empêcherait pas, non plus, les fers de fenderie, ainsi entrés, d'être vendus en concurrence avec ceux de nos forges, puisque cette augmentation ne les porterait encore qu'à 560 fr. (**).

Le but de la loi, qui a été de réserver exclusivement ce genre de fabrication à notre industrie, ne serait donc pas entièrement rempli. Mais, au moins, la marge serait moins grande en faveur

---

(*) Droits actuels.   165 fr.
Frais de conversion en fenderie. . . . . -   25
Augmentation demandée.   165
                                                           _____
                                                            355
(**) Prix d'achat.   205
                                                           _____
                                                            560

de l'Étranger, et nos forges se trouveraient dans une position un peu moins désavantageuse pour le combattre.

Quant aux 5 fr. par 100 kilogrammes, que nous demandons d'augmentation sur les autres fers, cette demande est fondée :

1°. *Pour les fers de quatre manipulations*, sur ce que le droit actuel sur ces fers, tout élevé qu'il paraît, n'est pas suffisant pour empêcher l'entrée des petits fers et notamment des feuillards, ainsi que le prouve la grande quantité de ces fers entrée, depuis quelques années, dans les ports de l'Océan et de la Manche; fers qui, par cela surtout, qu'ils sont de quatre manipulations, sont si importans à conserver à notre industrie.

Cette insuffisance provient de ce que la loi de 1814 a été dirigée contre des fers qui revenaient dans nos ports, à 35 fr. les 100 kilogrammes (*), droits non compris, et qu'aujourd'hui, ces mêmes fers ne reviendraient, comme cela a été démontré plus haut, qu'à 205 fr. les 1000 kilogrammes, ou 20 fr. 50 c. les 100 kilogrammes.

L'augmentation à demander, pour rétablir l'équilibre, devrait être la différence de 35 fr. à 20 fr. 50 c., c'est-à-dire, 14 fr. 50 c. par 100 kilogrammes (9). En nous bornant à la demander de 5 fr., nous espérons échapper à cet éternel reproche d'insatiabilité qu'on trouve commode de répéter sans cesse contre nous, sans jamais le justifier (10).

2°. *Pour les fers, autres que les fers laminés*, sur ce que le danger que nous avons signalé sur nos côtes, nous menace également sur les frontières de terre, principalement dans la partie voisine des pays de Sarrebruck, de Liége et de Luxem-

---

(*) Tandis que l'Étranger offre ses fers dans nos ports à 30 ou 35 fr.

(*Exposé des motifs de la loi de 1814.*)

bourg, où, faute de débouchés, les fers sont à vil prix et sans emploi. Ce bas prix permet de les faire entrer, comme les fers anglais, en gros échantillons, pour les convertir, sur la frontière, en échantillons de trois et quatre manipulations; et la protection que la loi a voulu accorder à notre industrie, en lui réservant cette fabrication, serait également éludée de ce côté.

C'est demander bien peu, pour échapper à ce danger, qu'une augmentation de 5 fr. par 100 kilogrammes; mais nous ne voulons pas enlever à ceux qui persistent à regarder les fers de Suède et de Russie comme leur étant encore nécessaires, la possibilité d'en faire venir, jusqu'à ce qu'enfin ces fers se trouvent entièrement expulsés par le développement des nouvelles fabrications.

En principe, nous n'avons aucun besoin de fers étrangers (11), et surtout de fers anglais.

La France n'a
aucun besoin
de fers étran-
gers.

La France, avant les nouveaux établissemens qui s'élèvent de toutes parts. dans son intérieur, possédait déjà les élémens d'une fabrication annuelle de cent trois millions cinq cent mille kilogrammes de fer et de deux millions trois cent mille kilogrammes d'acier (*). Si cette fabrication n'a pas toujours été portée au complet, c'est que, d'une part, elle aurait excédé les

---

(*) Un nombre considérable de hauts fourneaux, affineries et forges catalanes versent annuellement dans la circulation un poids d'environ 140 millons de kilogrammes de fonte, fer et acier, qui se divisent en

340,000 quintaux métriques de fonte ouvragée.

1,035,000 { 910,000 *idem* de fers provenant des affineries.
125,000 *idem* *idem* des forges à la catalane.

23,000 *idem* d'acier.

1,398,000 quintaux métriques.

(*Rapport de la Commission chargée de l'examen de la loi sur les fers, du 26 septembre 1814.*)

besoins (*), et que, de l'autre, les fers étrangers, dont on a toléré l'entrée, ont occupé dans la consommation une place qui a diminué d'autant la demande des nôtres; mais les élémens de cette fabrication n'en existent pas moins, et ils vont être considérablement augmentés par les nouveaux établissemens, et surtout par l'application de la houille à une partie de leurs travaux.

Nous trouvons une preuve sans réplique de notre peu de besoin de fers étrangers, dans ce qui s'est passé pendant les vingt-cinq années qui ont précédé la Restauration. Pendant cette longue période de bouleversemens de tous genres, notre séparation des autres peuples a été, pour les fers étrangers, une prohibition de fait, et jamais plus de causes n'ont contribué à augmenter la consommation du fer.

Cependant nos forges ont suffi à tout.

Certes, ce qui a suffi à ce gouffre de consommation, suffira sans peine, aujourd'hui, aux besoins plus modérés de la paix (12).

Pourquoi, d'après cela, acheter de l'Étranger le fer que nous possédons comme lui, et que notre industrie perfectionnée ne produira bientôt que trop abondamment (13)?

Vainement voudrait-on nous opposer les prétendus inconvéniens qu'il pourrait y avoir, sous le rapport politique, à traiter les fers laminés, c'est-à-dire les fers anglais, d'une manière plus défavorable que ceux des autres Puissances? N'éprouvons-nous pas cette défaveur au plus haut degré de la part de l'Angleterre elle-même, pour nos vins et pour le petit nombre de nos produits dont elle veut bien tolérer l'entrée à des droits excessifs?

(*) La consommation de la France doit flotter entre 80 et 100 millions de kilogrammes de fers et aciers.

Plusieurs de ces produits ne sont-ils pas assujettis à des droits plus élevés que les produits analogues qu'elle reçoit des autres Puissances ?

Si l'on veut un exemple plus direct, n'avons-nous pas celui des États-Unis d'Amérique qui, malgré l'immense avantage de leurs forêts encore vierges, ont tellement reconnu le danger des fers laminés, qu'ils les ont imposés à un droit *triple* de celui établi sur les autres fers ?

Exemple des États-Unis.

Quant à la prétendue difficulté de distinguer ces fers, nos douanes sauront bien faire ce que font les douanes d'Amérique.

En principe, tous les fers venant d'Angleterre devront être réputés fers laminés (bien que, pour en dissimuler l'origine, ils auraient été recouverts d'un parage au marteau), attendu qu'il ne s'y en fabrique pas d'autres, si ce n'est à des prix qui n'en permettent pas l'exportation, et que ce n'est pas par Londres ou par Cardiff que devront passer les fers qu'on nous expédierait de Suède ou de Russie.

Moyen d'atteindre les fers laminés.

Sans doute, il se fera beaucoup de tentatives de fraude ; mais qu'on réduise à trois ou quatre ports les points par lesquels les fers étrangers pourront être introduits en France ; qu'on n'admette de fers fabriqués au marteau qu'autant qu'ils viendraient directement du lieu de leur origine ; qu'on exige que cette origine soit constatée et tous les papiers de l'expédition visés par les consuls français ; qu'on fasse, à l'arrivée des navires, l'inspection des journaux de route et les enquêtes prescrites par les lois sanitaires ; que les douanes surtout nous secondent de leur active vigilance ; et, si toutes les fraudes ne sont pas découvertes, au moins ne pourront-elles pas se multiplier de manière à avoir des résultats dangereux (13 *bis*).

Si, enfin, les difficultés paraissent encore trop grandes, qu'on simplifie la chose en étendant l'augmentation de 15 fr. par 100 kilogrammes à tous les fers en général; car, à l'exception peut-être de quelques fers de Suède pour nos aciéries, dont on pourrait accorder l'entrée aux droits actuels avec les précautions convenables, nous n'avons besoin de fers étrangers pour aucun usage, ni sous aucun rapport (14).

Cette balance de notre commerce avec la Suède, qu'on craint tant de déranger, quel en est le résultat, surtout depuis que nous ne pouvons plus y envoyer les denrées coloniales qui en soldaient la majeure partie? Une perte annuelle, pour la France, de plusieurs millions que nous soldons en numéraire (15).

En cessant de recevoir de la Suède des fers et aciers, ce pays nous fournira encore, en brai, goudron, cuivre, bois de construction, etc., bien plus qu'il ne consommera de nos produits.

Quant aux vins dont on accuse les droits sur les fers de paralyser l'exportation, nous cherchons vainement sur quoi peut être fondé un pareil reproche, et nous avons peine à concevoir comment on veut faire dépendre cette exportation du plus ou moins de droits à mettre sur les fers, comme si les droits et les prohibitions établis sur d'autres produits, n'étaient pas, bien plus que ceux sur les fers, la cause des droits élevés imposés dans plusieurs pays à l'entrée de nos vins.

En prenant pour exemple le pays qui consommerait le plus de nos vins, si les droits d'entrée y étaient plus modérés, croit-on que, si la France consentait à recevoir, même à des droits élevés, les fils de coton, les tissus et tant d'autres objets manufacturés qu'elle a si justement prohibés, l'Angleterre ne s'empresserait pas d'accorder en retour une diminution importante dans ses droits d'entrée sur nos vins?

Si, comme cela peut être, l'élévation des droits sur nos vins est la représaille de ceux imposés en France sur les produits étrangers, pourquoi en faire retomber toute l'iniquité sur les forges qui y ont si peu contribué, lorsqu'il est évident que ces représailles s'adressent plus directement à d'autres branches d'industrie dont le développement encouragé par la faveur d'un régime prohibitif, a blessé, bien plus vivement, les intérêts de l'Étranger?

Dans tous les cas, nous ne pourrions accepter notre part du reproche qu'à l'égard des pays qui ont le plus d'intérêt à ce que nous recevions leurs fers, la Suède, par exemple, et l'Angleterre.

Eh bien! quelle est donc l'importance de l'exportation de nos vins en Suède?

En 1787, 1788 et 1789, c'est-à-dire, à l'époque de nos plus grands rapports avec la Suède, et avant que la longue interruption de nos relations n'eût fait perdre aux peuples du Nord l'habitude de nos boissons, la Suède a reçu de nous, savoir :

En 1787, pour   1,428,000 fr.
En 1788, pour   535,600   } de vins et eaux-de-vie.
En 1789, pour   512,000

Cette exportation n'a pas à beaucoup près, comme on le voit, l'importance qu'on voudrait lui donner.

En effet, quels sont les vins qui s'exportent outre-mer ? les vins fins, et encore ceux seulement qui peuvent supporter le transport. Par qui sont-ils consommés? par quelques gens riches pour qui ils sont un besoin et qui ne peuvent se les procurer ailleurs que chez nous. Quant à leur cherté, elle est portée depuis long-temps, au plus haut degré possible, par les droits presque prohibitifs que les pays qui peuvent nous envoyer des fers, perçoivent à leur entrée.

Continuons à faire de bons vins, et les riches habitans du Nord qui les consomment, continueront à en boire; mais ne sacrifions pas à des craintes chimériques sur une exportation d'un léger produit, l'industrie des forges qui ne peut lui nuire en rien. Cultivons et favorisons nos vignes; mais ne dédaignons pas nos bois, nos mines et surtout nos forges, dans l'intérêt même de nos vignes. Si nos forgerons sont moins gourmets que les seigneurs étrangers, ils sont plus gros consommateurs, et en laissant éteindre nos fourneaux, on tarirait bien des cuves.

Quant à l'Angleterre, nous nous croyons exempts de tous ménagemens envers elle, en fait de droits, car elle n'en a aucun pour nos produits; et comme elle a prohibé, ou assujetti à des droits prohibitifs, tout ce que nous pourrions lui envoyer, elle n'a plus de représailles à exercer.

Ne craignons pas surtout qu'elle prohibe nos vins déjà frappés de droits si excessifs, ou plutôt désirons-le, afin que les riches Anglais, à qui ils sont devenus nécessaires, viennent les consommer chez nous.

Aux iniquités sans nombre qu'on se plaît à accumuler sur les maîtres de forges, on ajoute le reproche de nuire à l'agriculture, et, quand de toutes parts la France regorge de blé, on les accuse de paralyser, par le prix élevé de leurs fers, le défrichement et la culture des terres.

Ce reproche que, comme les autres, on se contente d'énoncer, sans l'appuyer d'aucune preuve, a été déjà réfuté en 1814, de la manière la plus cómplète. Puisqu'on le renouvelle encore aujourd'hui, nous croyons ne pouvoir mieux y répondre qu'en rapportant textuellement les calculs et les raisonnemens par lesquels cette objection spécieuse et quelques autres du même genre, ont été combattues dans l'opinion prononcée par M. le duc de La Rochefoucauld à la Chambre des Pairs. Nous ne saurions citer une autorité plus compétente et plus éclairée sur la matière. Nous y renvoyons nos lecteurs (ci-après, note 16).

Ils y verront qu'en évaluant les consommations bien au-dessus de la réalité, et en calculant les fers au prix élevé de 6o fr. les 100 kilogrammes, l'influence de la consommation du fer sur les produits de l'agriculture ne serait que de 9 centimes par hectolitre de grain.

L'avantage à espérer pour l'agriculture, d'une baisse dans le prix des fers, ne peut donc être considérable. Pour qu'il soit d'un centime par hectolitre de grains, il faut que le fer diminue de 6 fr. 66 c. par 100 kilogrammes.

Une première baisse de cette importance en rendrait une seconde impossible.

C'est donc à un centime par hectolitre de grains que se borne (*en supposant qu'elle en profite*) (15 *bis*) le plus grand avantage que puisse procurer à l'agriculture la baisse possible du prix des fers !

Un centime de plus entraînerait la ruine des forges.

Or, nous le demandons, un si modique avantage vaut-il les déclamations dont il est l'objet, et celui d'un centime de plus vaudrait-il le mal qu'il occasionerait ?

Nous avons deux exemples frappans du peu d'influence du prix des fers sur la prospérité de l'agriculture. En France, son plus grand développement a eu lieu précisément à l'époque où les fers étaient au prix le plus élevé, et, en Angleterre, les journaux retentissent de plaintes sur l'état de détresse où elle se trouve, aujourd'hui même que le fer y est à vil prix.

Veut-on connaître la véritable influence des forges sur l'a-griculture? Qu'on parcoure les pays, tels que le Berry, où le manque de débouchés en a retardé le développement. On y verra les forges entourées d'une foule de petits laboureurs occupés, Véritable influence des forges sur l'a-griculture.

pendant les deux tiers de l'année, au transport des mines, des charbons, des fontes et des fers. Ce travail fournit à ces laboureurs le moyen d'entretenir de nombreux attelages avec lesquels ils fécondent leurs terres qui, sans les forges, n'auraient d'autres moyens de culture que les bras, et d'autres consommateurs qu'une population chétive et sans besoins. Qu'on ajoute à cet avantage celui que trouvent les cultivateurs, pour le débouché de leurs produits, dans les chemins que les maîtres de forges sont obligés d'entretenir pour la facilité de leurs transports, et dans cette consommation locale qu'accroît l'activité du travail; et l'on jugera si les maîtres de forges méritent d'être signalés comme les fléaux de l'agriculture!

Après avoir ramassé le gant que nous ont jeté les champions des vignes et de l'agriculture, il nous reste à répondre aux négocians-commissionnaires des ports et aux marchands de fers en gros qui se récrient, peut-être avec quelque raison, contre l'expulsion des fers étrangers.

Ici notre tâche sera facile.

Négocians commissionnaires des ports. Le commissionnaire des ports ne peut être le partisan des manufactures indigènes qui, comme les forges, s'alimentent des produits du sol et livrent leurs produits à la consommation intérieure, sans fournir aux commissionnaires des ports, ni matières premières à recevoir de l'étranger, ni beaucoup de produits à y expédier. Aussi, demandez aux commissionnaires des ports, s'il convient que la France laisse entrer les fers, voire même en tous temps les blés étrangers. Leur réponse ne sera pas douteuse, et cela par une raison bien simple, c'est que les fers et les blés étrangers leur payent une commission qu'ils ne perçoivent pas sur les fers ni sur les blés indigènes.

Un intérêt individuel, qui s'isole aussi complétement de l'intérêt général, ne peut être pris en considération dans une question où les intérêts particuliers ne doivent avoir de poids qu'autant qu'ils se trouvent en harmonie avec l'intérêt de tous.

Quant aux marchands de fers en gros, nous leur répondrons en examinant ce que c'est qu'un *marchand en gros*, en général, et dans quel rapport se trouve ce genre de commerce avec l'état actuel de l'industrie.

Lorsque l'industrie d'un pays est peu développée, le marchand en gros est un intermédiaire utile entre le consommateur souvent éloigné des lieux qui produisent et le fabricant également éloigné des lieux qui consomment. En aidant à l'approvisionnement de l'un et à la vente de l'autre, il est utile à tous deux, et le double bénéfice qu'il perçoit est le salaire bien acquis des deux services qu'il rend.

Mais, quand l'industrie intérieure a reçu un grand développement, et que les manufactures répandues sur plusieurs points, se trouvent plus à la portée du consommateur, le marchand en gros perd toute son importance, et au lieu d'être un intermédiaire utile, il n'est plus qu'un entremetteur parasite dont l'intervention n'a pour effet que d'élever, au préjudice de la consommation, le prix des produits sur lesquels il spécule.

Aussi, voyons-nous toutes les branches d'industrie qui ont le plus prospéré en France, s'être affranchies successivement de l'intermédiaire des marchands en gros, pour la vente de leurs produits. Dans nos grandes villes, les magasins de ces produits sont les dépôts même des fabriques.

Une autre cause contribue encore à faire disparaître cet intermédiaire ; c'est qu'à mesure qu'une industrie prospère, la concurrence y pénètre, et que cette concurrence fait baisser les prix de vente de manière à ne permettre aucun partage de bénéfice.

Le résultat de cet affranchissement est tout à l'avantage du consommateur qui recueille ainsi, dans leur entier, les fruits de l'heureux développement de notre industrie.

Ce qui est arrivé dans ces diverses branches de commerce, se prépare également pour les fers. Les marchands de fer en gros seront en France, comme en Angleterre, les maîtres de forges eux-mêmes qui vendront, dans leurs dépôts, leurs fers aux marchands détaillans et aux gros consommateurs, aux mêmes prix que dans leurs forges, à la seule différence des frais de transport. De cette manière, le fer arrivera à meilleur compte aux arts qui l'emploient, sans que cet avantage soit acheté par la ruine des fabricans.

Dans cet état de choses, les réclamations des marchands de fer en gros, contre la protection que sollicite notre industrie, se trouvent être sans motifs sous le rapport qui aurait pu leur donner quelque poids ; et réduites à l'expression d'un intérêt purement personnel, elles ne sauraient trouver place dans la discussion (17).

Exemple des principales Puissances relativement à l'expulsion des fers étrangers.

Nous croyons avoir réfuté les principales objections qu'on voudrait opposer à l'augmentation des droits sur les fontes et les fers étrangers.

A l'appui des motifs qui rendent cette mesure si urgente, nous citerons les exemples ci-après :

1°. La Belgique, qui, à peine séparée de la France, a prohibé spécialement nos fers ;

2°. L'Autriche, la Prusse, la Russie, et même aujourd'hui l'Espagne, qui n'admettent aucuns fers étrangers;

3°. Les États-Unis qui, en imposant aux fers *laminés* un

droit triple de celui établi sur les autres fers, nous donnent un exemple bien applicable au cas où nous nous trouvons ;

4°. L'Angleterre qui, forcée de recevoir quelques fers du dehors pour certains usages auxquels les siens ne sont pas propres, les a frappés cependant de droits tels qu'il ne peut pas en entrer au delà de ce qui est nécessaire à cet emploi ;

5°. La Suède, enfin, qui, malgré ses immenses avantages dans la fabrication du fer, n'en défend pas moins l'introduction des fers étrangers.

Si ces Puissances, usant du droit qu'a chaque peuple de faire chez lui les règlemens qui conviennent à son régime intérieur, ont écarté de leurs forges la concurrence des fers étrangers, pourquoi, profitant à la fois de l'exemple et du droit de représailles, n'interdirions-nous pas aussi l'entrée de nos ports à ces fers? La France se croira-t-elle obligée de recevoir des autres peuples ce que les autres peuples se croient en droit de refuser d'elle ?

Les Gouvernemens, dont nous avons à suivre l'exemple, n'ont pas calculé si les fers étrangers reviendraient à des prix plus ou moins élevés que les leurs. Ils les ont repoussés par une raison supérieure à tous les calculs, c'est que *le fer, étant un produit abondant de leur sol, ils ne devaient, à aucun prix, l'acheter de l'Etranger.*

Nous sommes dans le même cas; imitons les. L'industrie française y gagnera en prospérité, et l'État en numéraire, tout ce dont un système contraire enrichirait l'Étranger.

Une protection, plus forte que celle que nous réclamons, a été accordée à plusieurs branches d'industrie qui sont de-venues, pour la France, autant de nouvelles richesses. C'est

par la prohibition sévère et continue des produits étrangers
que les filatures de coton, les fabriques de tissus, les raffineries
de sucre, les manufactures de produits chimiques, et tant
d'autres, sont parvenues à ce degré de prospérité qui, en favorisant leur perfectionnement, a mis leurs produits à la portée
de toutes les classes.

Droit des forges à la même protec-tion.

Pourquoi l'industrie des forges n'éprouverait-elle pas la
même bienveillance? Aussi précieuse sous tous les rapports,
et liée à la sûreté même de l'État, n'a-t-elle pas, sur beaucoup
d'autres, l'avantage précieux de n'employer que des produits
du sol dont elle fait une richesse, et de ne pas être tributaire
de l'Étranger pour l'achat de la matière première?

Progrès déjà faits par cette industrie.

On ne lui reprochera plus, aujourd'hui, d'être restée sta-
tionnaire, reproche injuste qui n'a pu être fait sérieusement
que par ceux qui, ne connaissant pas les difficultés inhérentes
à ce genre d'industrie, ne savent pas de combien de cir-
constances le concours est nécessaire pour y faire, avec fruit,
d'utiles changemens.

De tous côtés, de grands établissemens se forment pour
introduire dans la fabrication les perfectionnemens dont chaque
localité est susceptible (18); établissemens qui bien différens
de ceux contre lesquels nous nous élevons, ont pour objet une
conquête à faire sur l'industrie étrangère au profit de la consommation française, au lieu de l'exploitation de la consommation française au profit de l'industrie étrangère. L'impulsion
est donnée, et dans peu la fabrication des fers en France
aura reçu un développement qui ne laissera rien à envier à
l'Étranger.

Il ne faut pas en arrêter le développe-ment.

Mais, pour que ces établissemens arrivent à leur maturité,
il ne faut pas laisser l'inquiète jalousie des Anglais les étouffer
à leur naissance; il ne faut pas les priver, par la ruine de

leurs fourneaux, des fontes indigènes qui doivent les alimenter, et sur lesquelles repose la bonne qualité de leurs produits ; il ne faut pas leur ôter la possibilité d'écouler ces produits, en livrant la consommation de notre propre pays aux produits étrangers ; il ne faut pas, enfin, porter le découragement dans le cœur des fabricans français, par le spectacle de l'industrie étrangère s'établissant sur nos côtes, pour éluder, sous la protection même de nos lois, les droits que ces mêmes lois ont voulu opposer à sa concurrence.

Habitant d'un département dont les bois et les forges sont presque la seule richesse, il m'est permis d'évoquer contre les fers étrangers d'autres intérêts que ceux même de l'industrie précieuse qui les repousse à tant de titres. Dans ce département, comme dans la plupart des pays de forges, toutes les fortunes, tous les intérêts se rattachent plus ou moins au sort des forges, sans que cette industrie, si elle venait à s'éteindre, pût être remplacée par d'autres. Notre cause est donc celle même des départemens où les forges sont situées, et c'est sous ce rapport qu'elle se recommande plus particulièrement, à la sollicitude protectrice du Gouvernement et des Chambres.

Combien d'intérêts se rattachent au sort des forges.

Par un Maître de Forges de la Nièvre et du Cher.

NOTES

ET PIÈCES A L'APPUI.

(1) *Extrait de la loi du 21 décembre 1814.*

ART. 1ᵉʳ. Le droit d'importation sur les fers et aciers venant de l'étranger est, jusqu'à ce qu'il en soit autrement ordonné, fixé ainsi qu'il suit; savoir :

Fontes en gueuses de 400 kilogrammes au moins, toutes les autres demeurant prohibées, ci. . . . . 2 fr. par 100 kil.

Fer brut en massiaux, ou prismes. . . . . Prohibé.

Fer de deux manipulations ou de commerce, ce qui comprend les barres plates de 18 à 60 lignes de largeur sur 5 à 15 d'épaisseur, les barres carrées de 10 lignes et au-dessus sur chaque face. . . . . 15 fr. par 100 kil.

Fer de trois manipulations, ce qui comprend les barres rondes de 7 lignes de diamètre et au-dessus, les barres carrées de 7 à 9 lignes d'épaisseur et au-dessous, et les barres plates dites de rampe, de 14 à 18 lignes de largeur sur 3 à 4 d'épaisseur. . . . . 25 fr. par 100 kil.

Fer fin de quatre manipulations, ce qui comprend les baguettes rondes de 3 à 6 lignes de diamètre; le petit carillon de 3 à 6 lignes sur chaque face et au-dessous; le fer feuillard battu, coulé ou laminé, d'une ligne à 2 lignes d'épaisseur sur 9 à 15 lignes de largeur, et le fer en verges pour la clouterie, ci. . . . . 40 fr. par 100 kil.

Fer noir de platinerie connu sous le nom de tôle. . . 40 *Idem.*

ART. 2. Les fers et aciers destinés à l'exportation pour nos colonies d'Afrique et des Indes Orientales et Occidentales pourront être entreposés et seront soumis à un tarif particulier qui sera réglé par une ordonnance du roi.

(1 *bis.*) Pour éviter une discussion difficile sur les frais d'une fabrication peu connue en France, nous avons pris le parti qui nous a paru le plus propre à prévenir les objections, en adoptant comme le prix nécessairement le plus élevé que puissent coûter les fers anglais, *le prix même auquel on les vend,*

D'après une base aussi large, on ne nous accusera pas d'avoir affaibli l'évaluation des frais dans l'intérêt de notre cause. Il est évident, au contraire, que par-là, cette évaluation se trouve inévitablement portée au delà de la réalité, attendu que le prix de vente d'un article de fabrique, fixé comme celui des fers en Angleterre, par un cours authentique, est nécessairement supérieur à ce que peut coûter sa fabrication.

Il est d'ailleurs constant qu'au prix de 7 livres, tout modique qu'il paraît, les gros maîtres de forges anglais ont encore un bénéfice qu'envieraient beaucoup de nos forges.

Quant aux 80 francs que nous employons pour *le fret et le droit d'entrée seulement*, du charbon nécessaire à la conversion de 1200 kilogrammes de *fine-metal* en 1000 kilogrammes de fer, sans entrer à ce sujet dans une discussion de chiffres, nous appuyons notre calcul :

1°. Sur la garantie que notre propre expérience dans cette fabrication nous donne, non-seulement de sa suffisance, mais même de sa surcharge ;

2°. Sur deux considérations qui en couvriraient, et au delà, l'insuffisance, si tant était qu'on pût la démontrer :

La première est le bon marché de la vie en France, comparativement à l'Angleterre, bon marché qui allégerait une partie des frais que nous admettons ;

La seconde est la facilité qu'auraient les Anglais de se placer sur nos côtes ou sur nos frontières de terre, de manière à se procurer la houille à meilleur compte qu'en la faisant venir de chez eux. Alors, dans ces positions privilégiées et déjà reconnues par plusieurs, plus de fret, plus de droits, ou au moins des droits moins élevés à payer ; et les 80 francs que nous employons avec tant de largesse pour ces dépenses, disparaîtraient en grande partie.

L'intérêt des forges de France ne permet pas d'entrer dans de plus grands développemens à ce sujet. Ce n'est pas à nous à indiquer aux ennemis naturels de notre industrie, ce qu'ils ont à faire pour rendre plus dangereuse encore l'attaque qu'ils préparent contre elle.

La manière dont nous établissons le prix de la fabrication anglaise sur nos côtes, nous a paru plus facile à saisir et à discuter que des chiffres qui, ne pouvant d'ailleurs être établis sur des bases assez fixes, deviendraient, pour la discussion, une source inépuisable de controverses.

(2) Prix d'achat en Angleterre, 7 livres sterlings le tonneau de 1015 kilo-

grammes, ce qui, à raison de 25 fr., prix moyen de la livre sterling, remet
les 1000 kilogrammes à. . . . . 172 f. 41 c.

Fret à 26 fr. les 1000 kilogrammes, pour Nantes.	26	»
Assurance à 1 pour 100, sur 172 fr. 41 c.	1	72
Frais dans les ports.	5	»
Droits actuels.	150	»
Le décime pour franc.	15	»

205 f. 13 c.

165 »

Prix des fers anglais rendus dans les ports, c'est-à-dire, dans
les lieux même de la consommation. . . . . 370 13(*)

Les forges de France ont à supporter, pour conduire leurs fers aux mêmes
lieux, de 30 à 70 fr. par 1000 kilogrammes de frais de transport, suivant l'é-
loignement des ports et la situation des forges. Ces frais étant à déduire du
prix de 370 fr. auquel nos forges seraient obligées de vendre pour soutenir la
concurrence, le produit de leurs fers ne leur ressortirait plus que de 340 fr. à
300 fr. les 1000 kilogrammes, pris aux lieux de la fabrication. Or, il entre déjà
pour plus que cette somme, *de combustibles et de mines seulement*, dans nos
fers de première qualité !

On avait affecté de regarder comme impossible la baisse des fers anglais
jusqu'à 7 livres sterling. Aujourd'hui, cependant, ce prix est bien constant,
et l'instance des offres qui en accompagnent l'avis, rend présumable une
baisse encore plus forte.

Pour peu que le gouvernement anglais y ajoute un *drawback* ou prime
de sortie, comme il le fait en pareil cas, l'augmentation des droits serait illu-
soire, si elle n'est pas, au moins, de 15 fr. par 100 kilogrammes, comme
nous la demandons.

(3) Sans nier le danger, on objecte que le mal n'existe pas encore, et qu'il
sera temps de l'arrêter quand les établissemens que nous signalons seront en
activité.

Il nous semble que, d'après les principes de protection qui doivent animer
l'Administration en faveur de l'industrie, il doit suffire que le danger soit
constant pour qu'on s'empresse d'en repousser la cause. Un excès même de
précaution, en pareil cas, ne peut avoir d'inconvénient, et, au contraire,
à quelles chances fâcheuses nous exposerait un défaut de prévoyance !

(*) On garantit l'exactitude de ces calculs qui, au besoin, seront justifiés par pièces authen-
iques.

Dès qu'il a été reconnu que la fièvre jaune était en Espagne, on s'est cru fondé à interrompre les communications avec ce pays, et l'on n'a pas attendu qu'elle fût arrivée à Bordeaux pour former le cordon sanitaire.

Les établissemens propres à l'étirage des massiaux, n'existaient pas lorsqu'en 1814, le danger bien reconnu de ces fers fit sentir la nécessité de les prohiber: « La facilité de leur étendage en barres, a dit le rapporteur de la Commission, » est vraiment effrayante pour les maîtres de forges. En effet, il serait facile » avec un moteur naturel ou artificiel, d'établir, à peu de frais, de petites » usines près des côtes, lesquelles s'empareraient exclusivement, au grand » détriment de nos forges de l'intérieur, des consommations importantes des » ports de mer. D'après ces considérations, votre Commission vous propose » la prohibition des massiaux. »

Il y a, comme on le voit, analogie complète entre les motifs qui ont fait prohiber les massiaux et ceux qui rendent nécessaire l'expulsion des fontes ; et ce que nous demandons, n'est que l'application à un cas survenu depuis la loi, du principe posé par elle pour un cas absolument semblable.

En considérant la chose sous un autre point de vue, y aurait-il de la loyauté, même envers des étrangers, à laisser subsister, sciemment, dans le tarif de nos droits, une lacune qui servirait d'appât à la fondation d'établissemens dispendieux, lorsqu'on aurait l'intention secrète, et presque pris l'engagement formel de les détruire aussitôt qu'ils seraient formés? Ce serait un véritable piége tendu à la bonne foi, et les étrangers n'en seraient pas seuls victimes, car ce que la loi ne défend pas étant permis, des maîtres de forges français, forcés par la nécessité, formeraient aussi de ces établissemens, et il en résulterait pour eux qu'après avoir été expulsés de leurs établissemens actuels par l'imprévoyance de la loi, ils se trouveraient paralysés dans leur nouvelle industrie, par l'effet du piége qu'elle leur aurait tendu.

Dans l'état où sont les choses, il faut ou prouver que les causes du danger n'existent pas, ou prévenir le mal, si l'on est forcé d'en reconnaître le principe.

(4) Indépendamment des approvisionnemens considérables de fonte anglaise qui existent dans les magasins de Paris et de Rouen, et des navires qui en chargent journellement pour la France, dans les ports de Cardiff et de Newport, il s'en trouve à Paris, dans un seul dépôt situé quai d'Orsay, une partie de 1500 gueuses du poids de 400 kilogrammes et au-dessus, appartenant à une maison anglaise qui les fait offrir partout sans pouvoir les placer, attendu qu'il y a surabondance d'approvisionnement en ce genre.

(5) En 1816 et 1817, lorsque les fondeurs de Paris adoptèrent l'usage des fontes anglaises, ces fontes leur étaient vendues depuis 32 jusqu'à 40 fr. les 100 kilogrammes. Aujourd'hui, leur abondance en a fait tomber le prix à 22 fr. Toutefois, les petits ouvrages qui en proviennent n'ont pas diminué de prix (*).

Une hausse de 10 à 15 fr. par 100 kilogrammes, qui résulterait d'une augmentation de droits, n'en porterait le prix que de 32 à 37 fr. les 100 kilogrammes. Les fondeurs se trouveraient donc encore dans une position plus favorable qu'au moment où ils ont commencé à les employer.

D'ailleurs, n'a-t-on pas à faire aux fondeurs, avec plus de fondement qu'aux maîtres de forges, le reproche de n'avoir pas fait faire à leur art tous les progrès dont il est susceptible, en ne cherchant pas assez les moyens d'adoucir leurs fontes à volonté? Ces moyens existent, et ils ont été l'objet de récompenses solennelles accordées, tant par le Gouvernement que par la Société d'Encouragement, à M. Baradelle et à plusieurs autres.

Si le défaut de ressources pécuniaires a empêché le succès de la manufacture que M. Baradelle avait formée pour l'application de sa découverte, le procédé n'en existe pas moins, et il ne reste qu'à en bien diriger l'application.

Mais les fondeurs et ceux qui leur vendent de la fonte anglaise, aiment mieux rejeter sur la nature de nos fontes la difficulté prétendue de les employer, que de chercher, comme M. Baradelle, le moyen de les rendre propres à tous les travaux (**).

(6) On a prétendu considérer la fonte et même le fer, comme des matières premières, et, à ce titre, leur appliquer le principe qui tend à favoriser l'entrée de ces sortes de matières.

C'est une erreur; et, loin qu'il en soit ainsi, il est peu de produits dans lesquels il entre plus d'industrie et de main-d'œuvre, tellement que dans les

---

(*) Remarquons, en passant, qu'il en est de même de cette baisse du fer qu'on invoque tant en faveur du consommateur. Rarement, elle arrive jusqu'à l'ouvrier, et plus rarement encore, elle le dépasse.

Quand le fer est à bas prix, le serrurier n'en fait pas payer ses ouvrages moins cher à ses pratiques.

(**) Tout ce qui tient aux fontes françaises, a été traité à fond dans la pétition motivée, présentée à la Chambre par les maîtres de forges des départemens de l'Eure et dEure-et-Loir. Nous y renvoyons ceux qui voudront approfondir cette matière.

75 millions, valeur des produits des forges de France (suivant le rapport de la Commission de 1814), 15 millions seulement représentent la valeur des bois sur pied employés à la fabrication de ces produits, et les 50 millions de surplus sont la représentation de la main-d'œuvre et de l'industrie employés à exploiter les bois, à extraire et transporter les mines et la castine, et à convertir ces *matières premières* en fer, fonte et acier.

A quoi il convient d'ajouter que les bois utilisés par ce travail, sont euxmêmes un produit du sol qui, dans beaucoup de pays, n'a de valeur que par la consommation des forges.

La fonte n'est matière première à l'égard du fer que comme le fil l'est à l'égard de la toile, et le fer n'est matière première à l'égard des ouvrages qui l'emploient que comme la toile l'est à l'égard des vêtemens qu'on en fait.

Les véritables matières premières du fer sont la mine, la castine et le bois, comme le chanvre est la véritable matière première de la toile.

Ce sont ces produits bruts du sol qui, fécondés par l'industrie, la main d'œuvre et les capitaux, deviennent eux-mêmes un capital annuel de 75 millions. Ce sont ces véritables matières premières dont il faudrait favoriser l'entrée si nous ne les avions pas abondamment, mais non pas la fonte et le fer qui en sont les produits.

Faire venir de l'Étranger comme matières premières, les fers et les fontes que nous possédons comme lui, ce serait, d'une part, renoncer à une récolte annuelle de 75 millions à faire sur notre propre sol, et de l'autre, dépenser pareille somme pour en payer le prix à l'Étranger ; ce qui, en définitive, produirait dans notre économie financière une différence, en moins, de 150 millions.

(7) Les fontes fabriquées avec du *coaks* (houille épurée), sont plus douces que celles fabriquées avec le charbon de bois, ce qui provient de ce qu'elles sont plus carbonées ; mais les émanations du *coaks* communiquent à la fonte, avec ce qui en fait la *douceur*, des principes nuisibles à la qualité du fer qui en provient, en sorte qu'avec ces fontes si bonnes pour les fonderies, on n'obtient qu'un fer de mauvaise qualité.

C'est par cette raison que les Anglais tolèrent (à des droits toutefois aussi élevés que les nôtres) l'entrée des fers de Suède et de Russie qui leur sont indispensables pour certains usages.

Si l'Angleterre possédait les qualités de fer que la France renferme, les fers étrangers y seraient sévèrement prohibés.

(8) Peut-être objectera-t-on que les établissemens formés par les An-

glais sur nos côtes, une fois construits, nous resterons, et qu'en définitive ce sera pour la France, une véritable conquête faite sur leur industrie.

Cette objection a quelque chose de spécieux ; mais elle sera sans fondement pour les personnes qui ont quelque connaissance des forges et de la situation de celles de France à l'égard de ces établissemens.

Pour faire du fer, il faut du combustible et de la mine, ou au moins du combustible et de la fonte. D'où les établissemens des côtes tireront-ils les leurs ? De l'Angleterre : car la masse des forges de France est située principalement en Champagne, en Lorraine, en Bourgogne, en Franche-Comté, en Nivernais, en Berry, etc., et presque toujours dans l'intérieur de bois presqu'impraticables pour les transports. Les matières premières qui alimentent ces forges, demandent à être consommées sur les lieux mêmes, et, dans aucun cas, elles ne pourraient servir à approvisionner les forges anglaises des côtes.

Supposons, maintenant, une guerre maritime. Quand (ce qui n'est pas présumable) les Anglais nous laisseraient leurs établissemens tout montés, ce seraient pour nous des corps sans âmes, de belles inutilités, puisque la mer ne pourrait plus y amener les fontes ni les charbons nécessaires à leur travail.

Le résultat de cette prétendue conquête serait donc d'avoir causé la destruction de nos forges sans nous en avoir procuré le remplacement, et il nous resterait pour prix de notre imprévoyance, d'une part, des forges détruites, de l'autre des forges oisives, et en définitive pas de fers pour nos besoins dans le moment où ces besoins seraient le plus impérieux.

(8 *bis*) On déjouera toutes les fraudes par lesquelles on voudrait introduire soit du *fine-metal* déguisé, soit de la fonte plus ou moins rapprochée du *fine-metal*, en partant du principe que toute fonte *blanche* qu'on enverrait de l'Étranger, ne peut avoir d'autre objet que d'être convertie en fer, attendu que la fonte blanche n'est propre qu'à cet usage, et qu'elle ne convient, sous aucun rapport, au travail des petites fonderies auxquelles il faut des fontes d'une nature toute différente et bien faciles à distinguer par leur couleur *nécessairement* grise et même un peu noire.

Le but de la mesure à prendre, étant d'écarter les fontes déjà disposées à être converties en fer, on l'atteindra infailliblement en prohibant ces fontes sous la double désignation de *fine-metal* et de *fontes blanches*. De cette manière, les forges de France seront garanties, et les fontes grises, les seules convenables aux besoins de nos arts, pourront continuer à entrer aux droits que la loi aura fixés.

On corroborerait les bons effets de cette mesure en rétablissant à 900 kilogrammes le moindre poids auquel les fontes pourraient être admises, attendu que le *fine-metal* se prépare dans des fourneaux de très-petites dimensions, et que l'obligation de faire correspondre ensemble le travail d'un grand nombre de ces fourneaux pour obtenir, au même moment, un poids de 900 kilogrammes, serait un obstacle très-grand à l'introduction de cette espèce de fonte.

Ce poids est celui qui existait dans l'ancien tarif des douanes.

C'est aussi celui qui avait été fixé, en 1814, par un des amendemens de la Commission qui furent consentis par le Gouvernement et adoptés par la Chambre des Députés.

Par une erreur matérielle que nous ne pouvons expliquer, il fut réduit à 400 kilogrammes dans la présentation du projet de loi à la Chambre des Pairs.

Les maîtres de forges intéressés à cette affaire n'étant plus à Paris, l'erreur ne fut pas relevée, et le poids de 400 kilogrammes resta substitué dans la loi à celui de 900 kilogrammes qui avait été proposé et adopté.

(9) Cette différence de 14 fr. 50 c. par 100 kilogrammes entre le prix des fers étrangers en 1814 et celui auquel ils sont aujourd'hui, justifie la demande que nous avons faite d'une augmentation de 15 fr. sur les fers de 2e. et 3e. manipulation.

En effet, le droit actuel de 15 fr. a été basé sur le prix de 30 à 35 fr. auquel les fers étrangers revenaient rendus dans nos ports, de manière à porter à 50 fr. le moindre prix auquels ces fers pussent y être vendus. (*Exposé des motifs de la loi de 1814.*)

Aujourd'hui, par suite de l'immense développement qu'a reçu la fabrication anglaise peu connue à cette époque, les fers étrangers ne reviendraient plus, rendus dans nos ports, qu'à 20 fr. 50 c.

L'augmentation nécessaire pour remettre les choses dans l'état où la loi a voulu les placer, est la différence de 20 fr. 50 cent. à 35 fr., c'est-à-dire, à 0, 50 cent. près, les 15 francs que nous demandons.

(10) En 1814, et depuis, les maîtres de forges réclamèrent avec instances contre l'insuffisance du droit de 15 fr. On les qualifia d'*avides monopoleurs*, de *gens insatiables et sans jugement*, etc. Cependant l'événement a justifié leurs réclamations.

On ne cesse de leur reprocher le prix élevé de leurs fers, et on ne veut leur tenir aucun compte du renchérissement énorme qu'ils ont eu à supporter sur tous les élémens de leur fabrication !

Bien loin que le haut prix du fer ait été profitable aux maîtres de forges, c'est, au contraire, aux époques de leur plus grande cherté, qu'ont eu lieu les grands désastres de fortune qui ont désolé cette branche d'industrie, parce que, quelqu'élevé que fût le prix des fers, il n'était pas proportionné aux prix exhorbitans de la main-d'œuvre et surtout du bois dont le Gouvernement d'alors provoquait lui-même la cherté par les moyens les plus arbitraires.

Un argument que (tout ridicule qu'il est), nous avons souvent entendu opposer aux réclamations des maîtres de forges, c'est qu'*ils sont assez riches*.

D'abord, on confond les maîtres de forges proprement dits, c'est-à-dire les exploitans des forges, qui, le plus souvent, n'en sont que les fermiers, avec les propriétaires des grands domaines dont ces forges font partie. Assez généralement, les forges se rattachent à de grandes propriétés dans lesquelles elles ont été construites pour en utiliser les mines et les bois ; mais comme ces sortes de propriétés sont généralement peu habitées par ceux qui les possèdent, on fait l'honneur de leur importance aux modestes fermiers qui s'y confinent pour en exploiter les produits.

Une autre importance résulte encore, naturellement, de la grande quantité de monde et de chevaux que met en mouvement l'exploitation d'une forge. Dans des pays, le plus souvent isolés, celui-là est nécessairement un homme important qui emploie à ses travaux toute la population de plusieurs lieues à la ronde.

Mais cette grande quantité d'hommes et de chevaux à entretenir, dépense la fortune du maître de forges au lieu de l'augmenter.

On reproche aux maîtres de forges d'être riches ! C'est plutôt le reproche contraire qu'il faudrait leur faire, car, dans un genre d'exploitation où l'on sème deux ans avant de recueillir, il faut, sinon être riche, au moins avoir à sa disposition beaucoup de capitaux.

Si, parmi les maîtres de forges, il s'en trouve de riches, qu'on sépare de leur fortune ce qu'ils possédaient de patrimoine ou qu'ils ont acquis par d'autres voies que celle des forges, et l'on verra si cette industrie a réellement procuré, même aux plus favorisés, ces richesses qu'on se plaît à citer presque comme un sujet de scandale.

Que si, à la fin d'une carrière que ne tend que trop à abréger la fatigue inhérente à ce genre d'industrie, quelques maîtres de forges ont recueilli dans une fortune honnête, le fruit d'un long et pénible travail, des fortunes ainsi acquises ne peuvent être un sujet de regrets et surtout de reproches.

Malheureusement, à la liste beaucoup trop courte de ceux dont la fortune a récompensé les efforts, nous pourrions opposer la longue et triste nomenclature des nombreuses victimes dont les forges ont englouti le patrimoine et compromis l'existence ; car il n'y a pas de pays de forges en France qui n'ait été témoin de grands désastres en ce genre, et il est, en effet, peu d'industries qui soient exposées à plus de chances.

D'autres branches d'industrie, au contraire, introduites tout récemment en France, ont procuré des fortunes considérables à ceux qui s'y sont adonnés. Loin d'y voir un sujet de reproches, et encore moins de scandale, on doit applaudir à ces succès, car il en est résulté un motif d'émulation pour ceux qui ont suivi la même carrière, et pour l'industrie même, des moyens de perfectionnement que des capitaux bornés n'auraient pas permis de tenter.

C'est presque toujours l'insuffisance des moyens pécuniaires qui a fait avorter en France, une foule d'entreprises utiles dont les idées recueillies par les Anglais et fécondées par leurs capitaux, sont devenues pour eux autant de sources de nouvelles richesses.

Dans un moment où il ne faut qu'un peu d'encouragement pour approprier à la France les immenses perfectionnemens que les Anglais ont introduits dans la fabrication du fer, ne détournons pas de ce but utile, par des allégations presqu'injurieuses, les *riches* maîtres de forges qui voudront y consacrer leurs soins, leurs talens, et surtout leurs capitaux.

(11) « Il a existé pendant la guerre, sur les fers du Nord, une prohibition » de fait.

» A la faveur de cette exclusion, nos forges ont pris un accroissement con-» sidérable, et *se sont mises en possession de pourvoir à tous les |besoins de* » *l'industrie française.* (*Exposé des motifs de la loi de 1814.*)

A l'appui de cette opinion, fondée nécessairement sur des renseignemens officiels, nous citerons une autorité essentiellement compétente dans la matière, l'Administration des Mines ; et, pour conserver à cette citation toute son authenticité, nous l'extrairons textuellement de la discussion de 1814.

1°. *Extrait de l'opinion de M. Bernard-Dutreil, membre de la Commission chargée de l'examen du projet de loi, sur l'importation des fers étrangers.*

« D'ailleurs, Messieurs, dans les conférences que nous avons eues avec » M. le Directeur des Mines, il nous a dit et répété que la France était peut-» être le territoire le plus riche dans ce genre de ressources ; que nous pour-» rions rivaliser avec nos voisins et les autres pays ; que nos matières pour-» raient nous procurer les mêmes ressources qu'ils ont dans les leurs ; en un » mot, *que nous pouvions nous suffire à nous-mêmes* dans tous les ouvrages d'art

» et d'utilité, parce que nos matières premières étaient susceptibles de devenir
» propres à toutes espèces d'entreprises; que chez nous on pouvait, aujour-
» d'hui, fabriquer avec nos fers des aciers aussi bons que ceux que l'on tirait
» autrefois de l'Étranger, etc. »

2°. *Extrait de l'opinion prononcée en 1814, à la Chambre des Pairs, par
M. le duc de La Rochefoucauld.*

» Je trouve les résultats suivans sur la qualité et l'état des forges de France
» et des aciéries, dans l'opinion de l'Administration des Mines, que M. le Di-
» recteur général a bien voulu nous communiquer.

» 1°. Que la France produit toutes les qualités de fer et d'acier que les fa-
» briques secondaires et le commerce peuvent réclamer, et qu'*elle n'a aucun
» besoin réel de fers et d'aciers étrangers.*

» 2°. Que le bas prix des aciers étrangers, qui a diminué considérablement
» l'activité de nos fabriques en ce genre, paraît s'opposer au développe-
» ment de cette branche d'industrie. »

Tel était l'état des choses en 1814. Depuis cette époque, combien l'industrie des forges n'a-t-elle pas fait de progrès en France, à part même l'introduction des procédés anglais?

Ce qui achève de prouver combien la fabrication de la France est suffi-
sante à ses besoins, c'est la petite quantité même de fers étrangers qui y
est entrée, depuis quelques années, comparativement à sa consommation.
Cette quantité paraît n'avoir pas dépassé *huit à dix* millions de kilogrammes
par année, et cependant personne ne peut mettre en doute l'influence dés-
astreuse qu'elle a exercée sur nos forges.

Si une quantité qui n'est qu'environ le dixième de la consommation, a suffi
pour arrêter entièrement la vente des fers de France, c'est qu'il y avait suffisance complète de ces derniers pour tous les besoins.

Les fers étrangers ont donc été, pour la France, un surcroît d'approvisionnement, une véritable surabondance d'autant plus dangereuse pour nos forges,
qu'ils ont apporté avec eux les élémens d'une préférence infaillible de la part
des acheteurs, dans leur extrême bon marché.

(12) Pendant vingt ans, nous avons été privés, ou à peu près, de fers
étrangers. Pendant vingt ans, la fabrication des fers a éprouvé tous les
genres d'entraves par la conscription, par la guerre et par la ruine de
beaucoup de fabricans. Cependant, les besoins immenses et sans cesse renais-
sans de la guerre, la construction de la flotille, l'accroissement colossal de
notre artillerie, les travaux d'Anvers, ceux non moins considérables de l'in-

térieur, la construction des filatures, l'introduction des roues à larges jantes, enfin, les malheurs même de notre marine construisant toujours pour toujours perdre; toutes ces causes réunies ont occasioné une consommation extraordinaire, double et triple de la consommation courante.

Nos forges ont suffi à-tout; et, après avoir été dévastées par les deux dernières invasions, elles regorgeaient encore de fers invendus.

Voilà des faits de notoriété publique, plus positifs que des calculs de cabinet, que tous les raisonnemens qu'on voudrait leur opposer.

(13) En supposant, comme le prétendent nos adversaires, que quelques fers étrangers nous aient été nécessaires jusqu'à présent, pour suppléer à l'insuffisance de nos fabrications, aujourd'hui ce déficit va être plus que comblé par les nouvelles fabrications, dont les unes, en substituant la houille à une partie du charbon de bois, pourront étendre d'autant plus la fabrication des produits qui exigent ce charbon, et dont les autres (comme les trois établissemens de Saint-Étienne), en créant du fer avec un combustible et un minerai tout-à-fait nouveaux, augmenteront considérablement nos ressources en ce genre.

Ajoutez à cela que l'ancien procédé lui-même a été tellement perfectionné depuis quelques années, que, dans certains pays, la Champagne, par exemple, un feu d'affinerie qui faisait avec peine 15 à 20,000 kilogrammes de fer par mois, en produit aujourd'hui, facilement, de 22 à 27,000 kilogrammes.

Loin qu'on puisse craindre de manquer de fers, l'embarras des fabricans sera, dans quelques années, de trouver le placement de leurs fabrications; et c'est ce qui rend d'autant plus nécessaire l'expulsion des fers étrangers.

La place que ces fers occupent dans la consommation redevenant libre, servira d'écoulement aux nouveaux produits. Il y aura, alors, place pour l'ancienne et la nouvelle fabrication, et les nouveaux établissemens, dont on fait un objet d'épouvantail pour les anciennes forges, pourront s'élever et prospérer sans causer la ruine de leurs aînés.

(13 *bis*.) On prétend que, si on met sur les fers anglais ou laminés des droits plus élevés que sur ceux des autres pays, les Anglais feront venir de la Suède, par exemple, des cargaisons de fer qui en partiront avec la destination apparente de la France; que les navires relâcheront en Angleterre, y déposeront leurs fers et les remplaceront par des fers anglais qu'ils apporteront en France, comme fers de Suède, sous le couvert des mêmes papiers qui auraient accompagné la cargaison suédoise.

Cette objection n'est heureusement que spécieuse.

En effet, le fer de Suède ne revient pas aux Anglais à moins de 20 livres sterling le tonneau, et le fer anglais n'en vaut que 7.

Par chaque tonneau de fer anglais de la valeur de 7 livres sterling, que cette fraude introduirait en France, il faudrait donc que le maître de forges anglais se chargeât d'un tonneau de fer de Suède de la valeur de 20 livres sterling.

Cela pourrait tout au plus se faire pour la modique quantité de fers de Suède indispensable aux besoins de l'Angleterre; mais, au delà de cette quantité, cette fraude lui serait plus nuisible qu'utile.

En effet, chaque cargaison de fers anglais expédiée pour la France, étant nécessairement remplacée par une cargaison de fers de Suède de même poids, l'écoulement des fers anglais ne serait que fictif, puisque la quantité introduite remplacerait dans l'approvisionnement du pays la quantité sortie, indépendamment de l'obligation très-onéreuse de se charger d'une valeur de 20 livres sterling pour n'en écouler qu'une de 7.

Mais, en outre, les maîtres de forges anglais en éprouveraient deux résultats également fâcheux; car, ou le haut prix des fers de Suède en empêcherait la vente, et dans ce cas ces fers seraient, pour ceux qui s'en trouveraient chargés, un fardeau hors de proportion avec le modique avantage qu'ils leur auraient procuré; ou la nécessité de réaliser forcerait à les donner à bas prix, et alors, indépendamment de la perte qui en résulterait, il y aurait pour les forges anglaises le double inconvénient de voir, d'une part, leurs fers remplacés par d'autres dans la consommation, et, de l'autre, le goût des fers du Nord se réveiller chez les consommateurs, au préjudice des fers anglais si peu capables, sous le rapport de la qualité, d'en soutenir la comparaison.

Ce moyen de fraude ne remplirait donc, en aucune manière, le but des Anglais.

Mieux vaudrait, dans l'intérêt de leurs forges, qu'ils fissent directement sur le prix de leurs fers, les sacrifices que leur occasionerait cette voie détournée. Au moins, ils obtiendraient par-là un écoulement réel; ce qui, en raison de leur immense fabrication, est pour eux la chose essentielle.

Nous ne parlons pas ici des obstacles qu'on pourrait opposer à cette fraude, ni des frais considérables qu'elle occasionerait, ni des chances auxquelles en serait subordonné le succè . Il vaut mieux, pour notre sécurité, avoir démontré qu'elle n'est pas dans l'intérêt de ceux qui pourraient la tenter.

(14) « La France, a dit le Conseil des Mines, lorsqu'en 1811 il fut consulté
» sur la même question qui nous occupe aujourd'hui, la France peut-être même
» plus heureuse que la Suède, possède toutes les qualités de fer que peuvent

» réclamer le commerce et l'industrie manufacturière. Veut-on des fers très-
» doux? il suffit de nommer ceux du Berry. A-t-on besoin de fers nerveux
» mais durs? ceux d'une partie des Vosges, du Bas-Rhin, de la Moselle,
» aussi-bien que ceux obtenus dans les forges catalanes, suffisent à nos be-
» soins. Enfin, les fers cassant à froid, dont il se fait une grande consommation
» et dont il s'exportait le plus autrefois en Espagne et dans les colonies, sont
» les plus abondans. »

(15) Dans les trois dernières années qui ont précédé notre révolution, le
total de nos exportations pour la Suède a été, savoir :

en 1787, de 5,043,700 fr. dont 2,658,500 fr. en denrées coloniales.
en 1788, de 3,544,100 fr. dont 1,951,900 fr., *idem.*
en 1789, de 3,242,000 fr. dont 2,278,000 fr., *idem.*

Total 11,829,800 fr. dont 6,888,400 fr., *idem.*

Par contre, le total des importations a été :

en 1787, de 8,310,700 fr.
en 1788, de 5,605,500 fr.
en 1789, de 7,138,000 fr.

Total. . . . 21,054,200 fr.

La France a donc eu à solder, en numéraire, une balance de 9,224,400 fr. ;
et il est à remarquer que dans les objets exportés il y a eu pour 6,888,400 fr.
de denrées coloniales que nous ne pourrions plus fournir aujourd'hui, ce qui
augmenterait d'autant plus le solde à payer en numéraire.

En jugeant les relations des peuples d'après les mêmes principes que celles
des particuliers, il est difficile de concevoir comment peut être si avantageux à
la France un commerce d'échange dont le résultat est de faire sortir, chaque
année, plusieurs millions de ses coffres pour en solder la balance. Un négociant
qui opérerait de la sorte, se ruinerait infailliblement. Nous doutons qu'il en
soit autrement d'un pays quelconque qui n'aurait avec les autres que de
semblables rapports.

(15 *bis*) Lorsque le prix du fer baisse dans les forges, cette baisse profite
rarement à l'agriculture. Le bénéfice s'en partage entre le marchand en gros,
le marchand détaillant et l'ouvrier qui met le fer en œuvre. Encore, ce
dernier y participe peu, les marchands ne laissant connaître aux consommateurs les variations qui ont lieu dans les forges, que lorsqu'ils y trouvent un
prétexte d'augmentation.

Aussi, qu'il y ait baisse ou non, le maréchal et le charron de village font toujours payer leurs ouvrages le même prix, surtout au cultivateur avec qui ils ne règlent leurs comptes qu'à la fin de l'année, et qui, par sa position, est peu à portée de savoir ce qui se passe dans les forges.

Tout ce que produiraient de funeste aux forges les déclamations en faveur de l'agriculture, tournerait donc au profit des marchands et non de l'agriculture.

(16) « Le tort que le renchérissement des fers peut causer à l'agriculture
» est une des objections les plus fortes contre la fixation trop élevée des droits
» sur l'entrée des fers étrangers.

» Eh bien, messieurs, calculons cette objection pour la mieux juger. Si l'on
» porte à 700,000 le nombre des charrues occupées par l'agriculture française ;
» si l'on porte encore à 700,000 le nombre des charrettes pour la même ex-
» ploitation ; et si l'on évalue à 40 kilogrammes l'usure annuelle du fer par
» chaque charrue ou charrette, outils et chevaux en dépendant, il n'en résul-
» tera, au prix actuel des fers que je suppose être de 30 fr., qu'une augmenta-
» tion annuelle de 8 fr. par charrue ou charrette, ou 11,200,000 fr. pour les
» 1,400,000 charrues et charrettes ; et cependant je suis assuré que cette esti-
» mation du nombre des charrues et charrettes, et de la quantité de fer an-
» nuellement usée par elles et par leurs appartenances, est fort au-dessus de
» la vérité : mais j'ai préféré ce mode de calcul quoique moins avantageux à la
» cause que je défends.

» Vous avez entendu à cette tribune un calcul bien différent : on a porté le
» nombre des charrues employées en France à 900,000, et à 46 millions
» l'augmentation de dépenses résultant, pour l'agriculture, du prix actuel du
» fer ; mais on n'a fondé cette évaluation que sur le discours d'un membre de
» la Chambre des Députés. Voici les bases de la mienne :

» Cent vingt millions d'arpens de terres labourables, dont un tiers en
» jachères ou prairies artificielles : deux tiers ou quatre-vingt millions produi-
» sant à peu près par moitié des blés de différentes espèces et qualités, et des
» menus grains pour la consommation des bestiaux, n'exigent pour leur exploi-
» tation qu'une charrue sur 120 arpens pris en masse ; et, en compensant le
» plus et le moins de culture, les repos et les labours, il n'y aurait ainsi que
» 700,000 charrues.

» . . . .

» Quant au calcul sur l'usure de 40 kilogrammes de fer que font annuelle-
» ment les charrues et charrettes, en comprenant sous ces deux titres les in-
» strumens accessoires et le ferrage des chevaux, je l'appuie sur la décomposi-

» tion faite devant moi , au Conservatoire des arts , de la charrue la plus lourde
» en fer , où le poids de ce métal n'entrait pas pour plus de 41 kilog. Je m'ap-
» puie encore sur la propre expérience de mon exploitation et de celle de mes
» voisins , par laquelle je vois la quantité de fers dont on recharge annuelle-
» ment les socs et couteaux , et la durée de mes roues; j'ai même dépassé
» sciemment dans mon calcul le résultat de mon expérience. Enfin , je puis
» ajouter à ces données que , dans une assez grande partie de la France , les
» charrues n'ont d'armure en fer que le soc et le couteau.

» Si j'étends ces mêmes calculs sur les 116 millions d'hectolitres de grains
» auxquels s'élèvent, selon les derniers états publiés , les récoltes du terri-
» toire actuel de la France , je trouve que l'usure du fer n'augmenterait le prix
» des grains que de 9 centimes par chaque hectolitre. C'est beaucoup trop
» sans doute ; mais il faut convenir néanmoins que cet accroissement sur la va-
» leur des produits de la terre n'est pas, si l'intérêt national l'exige, un sacri-
» fice oppressif pour l'agriculture.

» Le même discours, prononcé à la Chambre des Députés, sur l'autorité du-
» quel il a été dit ici qu'un vaisseau qui eût coûté, en 1789 , 500,000 fr. , en
» coûterait aujourd'hui 800,000 par l'augmentation du prix des fers , pose en-
» core sur des bases erronées ; cette augmentation de prix n'étant au plus que
» de deux sous par livre , puisque la différence entre les prix de 1789 et ceux
» d'aujourd'hui n'est que de 20 à 30 fr. par 50 kilog. , et n'est même pas telle

» Par les états que je tiens de l'obligeance de M. le Directeur des ports et ar-
» senaux , je trouve qu'une frégate de 44 canons est le bâtiment dont le prix
» en 1791 , approchait le plus des 500,000 fr. cités ; il était de 557,334 fr. Eh
» bien ! je vois , par les états venant de la même source , que dans ce bâtiment
» il n'entre que 321,293 kilog. de fer, dont 46,514 kilog. de fers bruts ,
» et 274,779 kilog. de fer travaillé ou coulé. Je trouve encore que ce fer
» coulé (fonte), employé pour le lest et l'artillerie , entre dans ce second total
» pour 249,979 kilog.; et cette dernière espèce de fer, qui en 1790 se
» vendait 12 fr. , ne se paie aujourd'hui que 15 ; mais faisant supporter à la to-
» talité des 321,293 kil. l'addition de deux sous pour livre , ou 20 cent. par
» kilog. , l'augmentation n'est que de 64,258 fr. : il n'entre même que le poids
» de 1,324,507 kil. dans un vaisseau de 120 canons, et la proportion du fer
» coulé y est pour plus d'un million de kilog. Enfin , il n'entre de fer que pour
» le poids de 18,520 kil. dans la construction d'un bâtiment marchand du
» port de 300 tonneaux ; ce qui , au prix actuel des fers , n'établit qu'une ad-
» dition comparative de 3,700 fr.

» Je ne puis pas combattre avec autant de précision une autre allégation qui

» a été faite , savoir : *que l'élévation du prix des fers , d'après les nouveaux*
» *droits proposés , équivalait à une imposition de* 40 *millions sur l'industrie.*

» Des évaluations sans bases échappent à une réponse positive. On peut croire
» que ce prétendu calcul de 40 millions n'a pas plus de vérité que celui des
» charrues et des vaisseaux ; mais ce qui doit rassurer , c'est que *chaque outil ,*
» *chaque instrument , reçoit une bien petite part de l'élévation du prix des fers* ;
» *on peut même dire une part imperceptible.*

(17) L'expulsion des fers anglais est autant dans l'intérêt des marchands de
fers que dans celui des maîtres de forges ; et , pour preuve de cette assertion,
nous citerons ce qui s'est passé à Rouen et dans quelques autres villes où
ces fers sont arrivés en plus grande quantité.

D'abord , les Anglais ont fait l'offre de leurs fers aux marchands du pays ,
qui , séduits par le bon marché , en ont largement rempli leurs magasins.

D'autres cargaisons ayant suivi de près , les marchands qui étaient complétement approvisionnés , n'ont pas pu les acheter. Alors, les Anglais les ont
fait offrir aux mêmes prix , aux ouvriers même qui formaient la clientèle des
marchands ; et , comme ce mode de vente n'est pas aussi expéditif que l'autre ,
il a fallu qu'ils convertissent leurs dépôts en magasins de détail, c'est-à-dire, qu'ils
se fissent eux-mêmes marchands de fer , au grand préjudice de ceux du pays ,
qui , sans le bienfait de l'ordonnance du 3 novembre , auraient été dans l'im-
possibilité d'écouler les fers dont ils s'étaient imprudemment chargés.

Aussi , les marchands de Rouen s'étaient-ils empressés d'adresser à LL. EE.
les Ministres des finances et de l'intérieur , à qui elle a été remise , la pétition
suivante :

« Nous soussignés , marchands de fers à Rouen , avons l'honneur de vous
» exposer que , depuis plusieurs mois, notre ville est encombrée de fers an-
» glais , qui , par les bas prix auxquels ils se vendent , rendent impossible le
» placement d'aucuns fers de France.

» De plus , la vente de ces fers se fait par des maisons anglaises établies à cet
» effet dans notre port , lesquelles ne dédaignent pas de les détailler elles-
» mêmes à nos moindres ouvriers; en sorte que l'industrie des forges de France,
» et celle de notre commerce se trouvent également paralysées par cette con-
» currence.

» Dans cet état de choses, que tout tend à empirer, nous prenons la liberté
» de recourir à votre Excellence, pour la prier de vouloir bien prendre dans
» sa sagesse telles mesures qu'elle jugera convenable contre ce double envahis-
» sement de l'industrie étrangère. »   (*Suivent les signatures.*)

Sans l'ordonnance du 3 novembre, de semblables pétitions auraient été adressées par les marchands de fer des autres ports, qui, après avoir, comme ceux de Rouen, cédé trop facilement aux offres des Anglais, les voyaient successivement s'établir eux-mêmes marchands de fer sur les divers points de nos côtes les plus avantageux à la vente des fers.

(18) Les nouveaux établissemens déjà connus, sont :

1°. Celui de Grossouvre, en Berry, en activité depuis cinq ans, et dont la fabrication, malgré les obstacles d'une localité peu convenable, s'est déjà élevée à plusieurs millions de fers fins.

La translation de cet établissement dans la position plus favorable de Four-chambault, sur le bord de la Loire, va permettre d'en compléter le développement.

2°. Celui d'Hayange, qui a déjà livré à la consommation une grande quantité de fer dont le bas prix a puissamment servi de correctif aux prétentions que les maîtres de forges auraient pu avoir d'élever les leurs.

3°. Celui de Paimpont, en Bretagne, en activité depuis un an, dont les produits jouissent d'une réputation méritée.

4°. Celui de Saint-Julien, auprès de Saint-Chamond, qui, construit comme par enchantement, vient de montrer des produits lorsqu'on se doutait à peine de son existence.

Ces quatre établissemens n'emploient que des fontes fabriquées au charbon de bois ; par conséquent, la qualité de leurs fers n'a aucun rapport avec celle des fers anglais. Elle est ce qu'est celle des fontes que chacun d'eux consomme.

5°. Le grand établissement de la Compagnie des mines de fer de Saint-Étienne, dirigé par M. de Gallois, et trois autres, dans le voisinage, qui se disposent à suivre ses traces, aussitôt que l'arrivée d'une machine à vapeur de 90 chevaux expédiée d'Angleterre, aura permis de mettre en activité les fourneaux déjà construits et approvisionnés.

Dans ces établissemens, on appliquera le système anglais en son entier, et, avec des mines et des charbons semblables à ceux employés par les Anglais, on obtiendra, en immense quantité, des produits de même nature que les leurs.

Voilà, déjà, de quoi remplacer, et au delà, la petite quantité de fers étrangers dont nous tolérions l'entrée.

Après avoir abordé avec franchise toutes les objections venues à notre connaissance sur l'augmentation de droits demandée, il nous reste à émettre un vœu qui sera le garant de la bonne foi et du grand jour que nous désirons apporter dans cette discussion; c'est que les adversaires de nos demandes veuillent bien exposer publiquement, comme nous le faisons, les raisons qu'ils se croient fondés à nous opposer et qu'ils ne regarderaient pas comme suffisamment réfutées par le présent mémoire.

Cette affaire est un grand procès d'intérêt public dans lequel ont à intervenir beaucoup d'intérêts particuliers. On ne saurait trop l'éclairer, et chacun doit s'empresser de soumettre à la critique de ses adversaires, les raisons et les pièces à l'appui de ses prétentions.

Cette franche publicité vaudra mieux que les insinuations vagues et les moyens détournés par lesquels on cherche à circonvenir l'Administration appelée à discuter dans les Chambres cette affaire importante.

FIN.